LES BALLONS

PAR

CAPAZZA

Aéronaute.

PRINCIPAUX COLLABORATEURS

MM. Le Dr Arthaud, chef des travaux de physiologie à l'Ecole pratique
des Hautes Études, professeur au collège Chaptal.
Le Dr Beauregard, professeur agrégé de l'École supérieure de phar-
Le Dr Belin, chef de clinique à la Faculté de Médecine de Paris.
Daniel Berthelot, assistant au Muséum.
Le Dr R. Blanchard, de l'Académie de Médecine.
    macie.
Robert Cambier, attaché à l'Observatoire de Montsouris.
Capazza, aéronaute.
J. Chatin, de l'Académie de Médecine.
Henri Coupin, préparateur à la Faculté des Sciences de Paris.
Le Dr Dubief, médecin-inspecteur des épidémies de Paris, chef de
laboratoire à l'hôpital Cochin.
Dr Raphael Dubois, professeur de physiologie à la Faculté des Sciences
de Lyon.
Duclos, préparateur de botanique à la Faculté de Médecine de Paris.
G. Dumont, professeur à l'Ecole des Hautes Études commerciales.
St. Ferrand, ingénieur-architecte, directeur du journal *Le Bâtiment*.
Camille Flammarion, directeur de l'Observatoire de Juvisy.
Le Dr Garran de Balzan, directeur de cours à l'Association philotech-
nique de Paris.
Dr N. Gréhant, professeur au Muséum.
E. de la Hautière, prof. agrégé de philosophie au lycée Saint-Louis.
Hanriot, de l'Académie de Médecine.
A. Hébert, préparateur de chimie à la Faculté de Médecine de Paris.
Koehler, professeur de zoologie à la Faculté des Sciences de Lyon.
H. Léauté, membre de l'Institut.
Lecomte, professeur agrégé d'histoire naturelle au lycée Saint-Louis.
Dr Lesage, chef des travaux pratiques à la Faculté de Médecine de
Paris.
Levasseur, de l'Institut, professeur au Collège de France.
Gabriel Lippmann, de l'Institut, professeur à la Faculté des Sciences
de Paris.
L. et A. Lumière.
Charles Martin, professeur de l'Université.
Martin, chargé de la direction du musée monétaire.
H. Mercereau, professeur de l'Université.
Stanislas Meunier, professeur au Muséum.
Victor Meunier.
Edmond Perrier, de l'Institut, professeur au Muséum.
Gustave Philippon, docteur ès sciences, directeur de la publication.
Paul Philippon, répétiteur à la Faculté des Sciences de Paris.
Le Dr Porak, de l'Académie de Médecine.
L. Prévaudeau, licencié en droit.
A. Quillard, préparateur à la Faculté de Médecine de Paris.
Dr Regnard, professeur à l'Institut national agronomique.
Rocques, ancien chimiste au laboratoire municipal de Paris.
Roux, assistant de la chaire d'agriculture au Muséum.
Roux, vétérinaire de l'armée.
Ch. Velain, chargé de cours à la Faculté des Sciences de Paris.
Etc., etc., etc.

LES BALLONS

Par L. CAPAZZA
Aéronaute.
Illustrations de l'auteur.

I

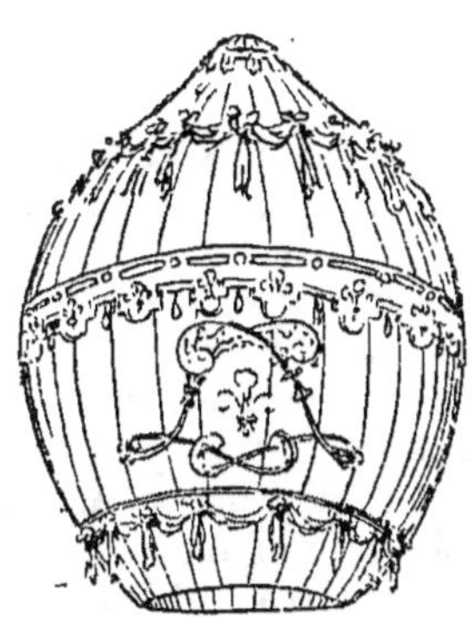

Le 5 juin 1783 est une grande date.

Par l'invention des Montgolfier, la France acquit une des plus belles pages de l'histoire du progrès. Tous les chercheurs, les poètes qui de tout temps jalousèrent les oiseaux, les peintres, qui asseyaient les divinités sur des nuages, purent croire, en voyant la montgolfière s'élancer dans les airs, que leur idéal était réalisé.

Des ailes ! des ailes ! criait l'humanité.

Et les premiers aéronautes de s'en aller dans l'azur, soutenus par de beaux nuages solides. A ces globes enchanteurs étaient suspendues, au moyen de riches cordages, des nacelles dorées ornementées de belles draperies. .

Les aéronautes étaient marquis et beaux chevaliers.

Lorsqu'ils partaient pour les-cieux, le Roy escorté de sa cour venait les féliciter au milieu de tout un peuple en délire.

* *

Après les expériences d'Annonay, le professeur Foujas de Saint-Fond ouvrit une souscription à Paris, dont le produit servit au physicien Charles et aux frères Robert pour la construction d'un globe en soie de 40 mètres cubes.

Le 27 avril, au Champ-de-Mars, ce ballon fut gonflé d'hydrogène. Il put s'élever jusqu'à 1,500 mètres de hauteur et s'en
aller atterrir à Gonesse, où les paysans, épouvantés par la
chute de ce monstre céleste, le reçurent à coups de fourches.
Puis on l'attacha à la queue d'un cheval qui en éparpilla les
lambeaux à travers champs.

Nul n'avait encore osé confier sa vie à ces belles sphères
remplies d'air chaud ou d'hydrogène, lorsqu'un professeur
de sciences, Pilâtre de Rozier, et le marquis d'Arlandes
essayèrent de faire des ascensions captives dans une montgolfière de 1,600 mètres cubes, au faubourg Saint-Antoine,
chez un nommé Réveillon qui en était le constructeur.

Enfin, le 21 novembre 1783, le marquis d'Arlandes et
Pilâtre de Rozier firent le premier voyage en montgolfière
libre. Ils partirent du château de la Muette et tombèrent,
vingt-cinq minutes après, au moulin de Croulebarde. Un
procès-verbal fut signé par Franklin.

Quelques jours après, le 12 décembre 1783, aux Tuileries,
Charles et Robert gonflaient à l'hydrogène un ballon de
9 mètres de diamètre.

M. de Montgolfier était des quatre cent mille spectateurs
qui assistèrent à cette ascension mémorable, parce qu'elle
était faite avec un ballon à air inflam-
mable et que ce ballon était tel que nous
pouvons en voir aujourd'hui dans les
fêtes publiques depuis plus d'un siècle.
Les aéronautes n'ont rien trouvé à changer
aux agrès imaginés par Charles et Robert.

Un de ces petits ballons pilotes que
les aéronautes lancent avant leur départ
pour s'assurer de la direction des vents,
était accroché déjà à la nacelle du ballon
de Charles et Robert.

Les gazettes racontent que Charles
l'offrit à M. de Montgolfier, en lui disant : « C'est à vous, monsieur, à nous montrer la route des airs. »

Charles et Robert partirent à deux heures pour atterrir,
une heure et demie après, dans les plaines de Nesle.

Charles repartit tout seul pour retomber, une demi-
heure après, à la Tour du Lay.

A la même époque, Joseph de Montgolfier, l'Américain Wilcox, Pilâtre de Rozier, le chimiste Proust, l'Italien Gerli, Camus de Rodez, Charles et Robert, et enfin Blanchard, firent de nombreuses ascensions.

*
* *

Le physicien Charles, en 1784, indiquait, par cette phrase, un des rôles que le ballon pouvait jouer dans le monde :

« N'oublions pas que les aérostats donnent la possibilité de transporter des lettres et des effets par-dessus une armée ennemie, celle de demander des secours, et peut-être même, quand les neiges séparent les pays, de profiter de vents convenables, d'enjamber les plus hautes chaînes de montagnes pour se communiquer les nouvelles pressées. »

Aussi bien, dix ans après, le conventionnel Guyton de Morveau proposa-t-il au comité de Salut public d'utiliser les ballons captifs pour observer les mouvements de l'ennemi.

Le comité de Salut public ordonna au capitaine Coutelle d'aller rejoindre, en Belgique, le général Jourdan, et de lui proposer le ballon captif comme sentinelle aérienne.

Mais, voulant réserver exclusivement le soufre pour la fabrication de la poudre, il lui défendit d'employer l'acide sulfurique pour la production de l'hydrogène.

Heureusement que Lavoisier venait d'obtenir de l'hydrogène pur au moyen de la décomposition de la vapeur d'eau par le fer chauffé à blanc.

Jourdan accepta, mais à condition que des expériences préliminaires fussent faites à Paris.

Coutelle s'adjoignit Conté, et tous deux formèrent une compagnie d'aérostiers qu'ils installèrent au château de Meudon. Leur premier lieutenant était le maître maçon Delaunoy ; le sous-lieutenant un chimiste, et les aérostiers des hommes solides pris dans tous les corps de métiers.

Maubeuge était assiégé en partie par les Autrichiens. Nos aérostiers y pénétrèrent du côté défendu par un camp retranché.

Guyton de Morveau avait tenu à assister au gonflement du ballon que Coutelle avait baptisé l'*Entreprenant*. Ce gonflement dura quarante heures !

L'effet moral produit sur nos troupes par l'ascension captive de l'*Entreprenant* fut immense.

Coutelle découvrit toutes les positions de l'ennemi et jeta la consternation dans les rangs autrichiens, dont les chefs décidèrent d'abattre le ballon à coups de canon.

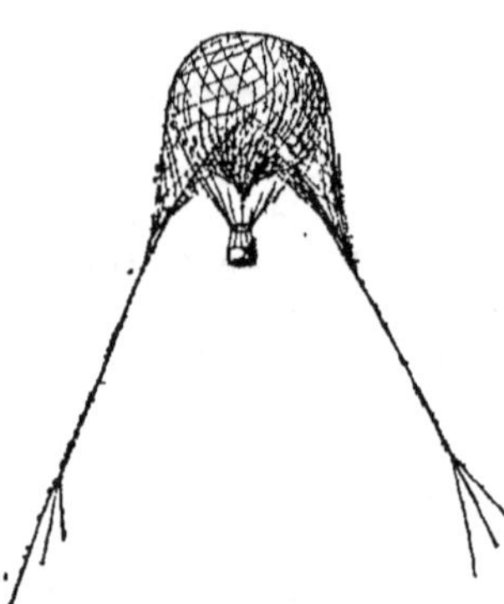

Mais les coups de canon n'émurent guère l'être extraordinaire qu'était Coutelle. Il saluait chaque boulet du cri de : Vive la République !

Jourdan, voulant s'emparer de Charleroi, situé à douze lieues de Maubeuge, demanda à Coutelle s'il pouvait y transporter l'*Entreprenant* tout gonflé.

L'aérostier répondit affirmativement, et voici les dispositions qu'il prit pour réussir cette marche étonnante.

Le ballon était recouvert d'un filet jusqu'à un cercle équatorial. A partir de l'équateur les mailles, divisées en deux groupes, aboutissaient chacune à une corde très longue.

Pour opérer le transport de Maubeuge à Charleroi, Coutelle fit ajouter à l'équateur vingt pattes d'oies terminées par une corde.

Vingt aérostiers passaient chacun une de ces cordes à leur ceinture et marchaient.

Ils partirent dans la nuit.

Quand ils étaient fatigués ils étaient relayés par vingt autres.

Bien que le pays qu'ils traversaient fût des moins tourmentés, les difficultés étaient tellement considérables que nous connaissons peu d'aéronautes capables de pareils coups d'audace et d'habileté à la fois.

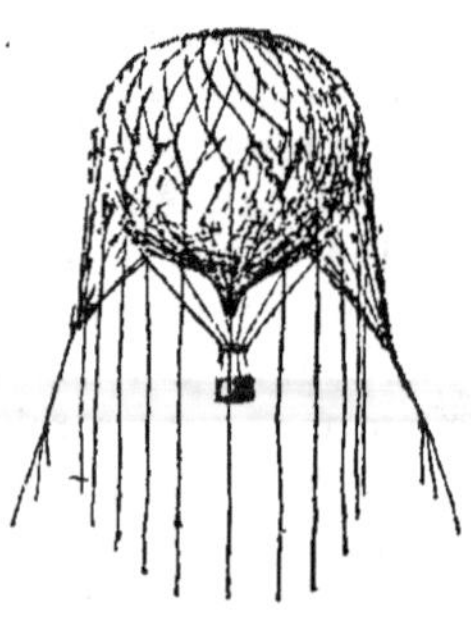

Les paysans, aussi superstitieux que ceux de Gonesse, fuyaient le ballon comme une bête apocalyptique.

La nuit allait tomber lorsque Jourdan arriva avec tout son état-major. L'*Entreprenant* poursuivit alors sa marche, musique en tête, suivi d'une foule de soldats.

Le lendemain matin, au lever du soleil, Coutelle planait au-dessus de Charleroi, semant la terreur parmi les assiégés qui capitulaient dans la soirée.

On retrouve Coutelle à Fleurus, restant en l'air durant les dix heures que dura la bataille. Puis à Bruxelles, à Maëstricht, à Liège, et enfin devant Mayence, avec la brutalité de Lefebvre, avec la mitraille, avec la famine et avec la tempête.

Soixante hommes ballottés, traînés en tous sens, peuvent à peine retenir le ballon, qui, semblable à un immense pendule, donne de grands coups à terre.

La nacelle est défoncée, certains cordages rompus, Coutelle n'a plus figure humaine. Mais le général Lefebvre veut savoir si telle brèche est réparée.

— Lâchez tout ! et Coutelle repart les mains et la figure ensanglantées.

Alors on vit apparaître cinq officiers autrichiens en parlementaires, tremblant d'émotion et d'admiration.

— Général, dirent-ils, faites descendre le brave Coutelle ; le commandant de Mayence l'autorise à venir examiner la défense de nos fortifications.

— Lâchez tout ! répondit Coutelle, et quelques minutes après il donnait à l'inflexible Lefebvre les renseignements qu'il désirait.

Le brave Coutelle que la fièvre rongeait, et tout couvert de blessures, retourna à Paris où il faillit maintes fois mourir de faim. Etrange récompense vraiment ! pour les services qu'il avait rendus à la patrie.

Quelque temps après, Bonaparte l'engagea pour sa campagne d'Égypte ; mais il n'y put faire des ascensions, le bâtiment qui transportait le matériel aérostatique ayant été coulé par les Anglais.

Coutelle, cet homme au courage surprenant, mourut, dit-on, dans une exploration vers les sources du Nil.

L'*Entreprenant*, verni par Conté, était tellement imperméable qu'il gardait son hydrogène pur durant des mois.

La formule du vernis aérostatique de Conté est perdue.

** **

Le premier ballon libre non monté, parti d'une place assiégée, fut lancé par le commandant Chanal enfermé dans Condé par les armées coalisées.

Le commandant Chanal voulait faire parvenir des dépêches au général Dampierre. Mais le ballon, livré à lui-même, atteignit un courant qui le déposa au milieu de l'armée ennemie.

Tout autre fut le résultat obtenu en 1870, durant le siège de Paris, au moyen de ballons montés.

Sur 64 ballons-poste, seuls le *Jacquard* et le *Richard Wallace*, montés par Prince et Lacaze, qui n'étaient pas aéronautes, se perdirent en mer.

C'est grâce à M. Rampont, directeur des Postes, que 152 personnes, 10,000 kilogrammes de dépêches, des hommes politiques, Gambetta, Spuller, Ranc, Antonin Dubosc, de Kératry, Malapert, un grand nombre de pigeons-voyageurs qui rapportèrent à Paris des nouvelles de France, purent quitter Paris.

M. Rampont commanda aux aéronautes Yon, d'Artois, Nadard et Eugène Godard la fabrication des ballons.

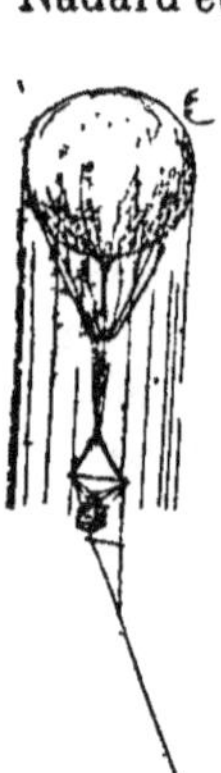

Godard construisit les siens à la gare d'Orléans et à la gare de l'Est: Yon, d'Artois et Nadar, à la gare du Nord. A la gare de Lyon l'aéronaute Gratien construisit l'*Égalité*, le plus gros ballon du siège.

Ces temps derniers, les ballons captifs fournis par les ateliers nationaux de Chalais-Meudon rendirent des services signalés contre les populations du Tonkin et les peuplades primitives de l'Afrique occidentale.

On a fourni de Meudon des captifs pour notre marine de guerre. Ces ballons sont manœuvrés sous la direction du lieutenant de vaisseau Serpette.

Il ne faut pas croire que les aéronautes des ballons de la marine sont uniquement chargés d'explorer l'horizon incontestablement plus vaste, à la hauteur de leur nacelle, que celui qu'on découvre du haut des mâts.

Ils pourront servir aussi à la télégraphie optique, en employant le système Mangin qui consiste à éclairer intérieurement le ballon au moyen d'une lampe électrique.

Mais nous sommes persuadé que c'est surtout pour observer ce qui se passe aux profondeurs de la mer qu'ils seront utiles.

Étant donné le phénomène de la transparence des eaux

quand on les observe d'une grande hauteur, le lieutenai
Serpette pourra voir de sa nacelle et les bateaux sous-marin
et les torpilles fixes, etc., etc.

J'ai vu, en compagnie du colonel Peigné et du capitain
Driant, le lit de la Seine et des étangs de Meudon.

Et, durant nos ascensions maritimes dans l'île de Corse
en 1886, à Bastia et Ajaccio, en compagnie de Pierre Livrell
j'ai pu voir le fond de l'Etang de Bigulia et le fond de la me,
à 2 ou 3 kilomètres de la côte orientale de la Corse.

A Ajaccio, j'ai aperçu le fond du golfe au moment où
entrait une escadre de torpilleurs, et le 14 novembre 1886, j'a,
pu admirer les profondeurs du golfe de la Ciotat.

J'ai vu aussi en 1888, à Marseille, le fond des bassins nationaux, d'un côté vert-de-gris, et de l'autre couleur de rouille.

En entrant en mer juste au zénith du port de la Joliett
un steamer en sortait. La traînée de son hélice m'a fait
remarquer que les saletés qui rendent trouble l'eau d
l'entrée du port ne sont que superficielles ou en suspensiou
sur une zone d'épaisseur minime. En effet, au centre du
sillon, là où l'eau avait été fortement secouée, elle était lim-
pide et permettait de voir le fond, qui est de sable ou de
galets. A côté, dans le port et près de l'entrée, les saletés
rendaient l'eau opaque.

Règle générale : dès qu'on dépasse 600 mètres de hauteur,
l'eau devient transparente et laisse voir le fond.

Il est évident que plus la surface est tourmentée par les
vagues, et plus l'eau est profonde, plus il faut être haut
placé pour en apercevoir le fond.

Une expérience à la portée de tous démontre cette vérité :
prenez un seau d'eau et jetez-y divers objets pesants. Vous les
verrez tant que la surface de l'eau restera en repos. Soufflez
dessus de manière à la rider et les objets deviendront invisibles.

Mais si vous montez sur une échelle, les rides, les petites
vagues de la surface ne vous empêcheront plus de les voir
très distinctement.

Il y a beaucoup à faire avec les ballons libres dans la marine.

J'ai proposé à M. l'amiral Krantz, lorsqu'il était ministre
de la Marine, de m'en aller avec l'escadre en pleine mer,
durant la mobilisation de la flotte de la Méditerranée, et de
partir en ballon pour revenir à terre rapporter les nouvelles

.'une bataille navale ou remplir telle mission dont on m'au-
·ait chargé.

Pour terminer cet aperçu, disons que les captifs militaires[1]
·t de marine sont munis de téléphones mettant en communication l'aéronaute avec l'état-major.

Il existe aussi dans chaque place forte de France des
ballons libres de différents cubes permettant, en cas de siège,
de se mettre en communication avec le pays par voie aérienne.

Le matériel qui sort des ateliers de Meudon est en ponghée,
résistant sur les deux sens à 1,400 kilog. le mètre linéaire.
Les cordages sont en coton. Le tout est très soigné et les
matières qu'on y emploie sont de première marque.

Mais cela ne suffit pas. Il faut aussi des aéronautes rompus,
par une longue pratique, à toutes les manœuvres et capables
de surmonter, sans hésitation; les plus grandes difficultés.

Ces aéronautes devraient savoir lire dans le ciel, avec
précision, l'existence des courants aériens de manière à s'en
servir avec assurance.

Les aéronautes manquent dans l'armée et comme on
n'improvise pas, sans se servir des aéronautes de profession,
des compagnies d'aérostiers capables de mener à bonne fin
une ascension, il est à craindre qu'avec ceux dont dispose
actuellement M. le commandant Renard, les ascensions libres,
durant la guerre future, ne se terminent comme celle de
Prince et de Lacaze ou tout bonnement comme celle du ballon
non monté lancé par le commandant Chanal, de Condé
assiégé.

II

Avant de parler des engins et des moyens dont on veut
se servir pour diriger dans l'espace les ballons, — qu'on a
qualifiés de bouées perdues au gré des vents, — nous allons

---

1. Pour donner une idée de l'importance de l'aérostation militaire, voici
la liste du matériel affecté à la *section aérostatique de forteresse en Russie* :
6 enveloppes pour ballons captifs d'une contenance de 640 mètres cubes.
3 enveloppes pour ballons libres d'une contenance de 1 000 mètres cubes.
3 réservoirs à gaz transportables en percale de 250 mètres cubes.
1 treuil à vapeur monté sur 2 voitures.
2 treuils à bras.
Un matériel pour la production du gaz hydrogène, comprenant en
particulier 4 générateurs en cuivre, etc., etc.

essayer de donner rapidement une idée de ce qu'on est con-
venu d'appeler l'océan aérien.

« Si jamais la terre cessait de tourner, nous aurions le calme
absolu de l'atmosphère et tout périrait faute de mouvement,
c'est-à-dire faute de successions indéfinies de beaux et de mau-
vais temps, de vapeurs d'eau déposées sous forme de pluie
bienfaisante et de ciel bleu ensoleillant la nature.

Chacun connaît l'expérience suivante établissant la direction des courants aériens :

Si on ouvre la porte qui sépare deux chambres dont
l'une serait chaude et l'autre froide, et si l'on installe une
bougie allumée à la moitié de la hauteur de cette ouverture,
on voit la flamme s'élancer toute droite. En déposant le bou-
geoir à terre, la langue de feu s'incline vers la chambre
chaude, et en maintenant la bougie le plus haut possible, sa
flamme se dirige inclinée vers la chambre froide.

Ce qui se passe en petit entre deux chambres se répète
perpétuellement en grand à la surface de la terre et dans les
hautes zones.

Les rayons solaires, en traversant la couche atmosphérique, ne perdent rien ou presque rien de leur chaleur. Ils
échauffent la surface de la terre, et l'air, en contact, prend
alors une partie de cette chaleur, se dilate, et, plus léger,
monte dans les hautes régions atmosphériques.

A l'équateur, là où la terre reçoit d'aplomb les rayons du
soleil, l'élévation de la température est la plus grande.

Les courants chauds montent et se répandent au nord et
au sud vers les pôles.

Le vide qui tend ainsi à se produire dans les régions équa-
toriales est constamment rempli par l'air froid des deux pôles
qui se chauffe à son tour, devient plus léger, monte et, à son
tour aussi, se déverse vers le nord et le sud établissant
ainsi une circulation incessante.

Ces vents sont connus sous le nom d'alizés supérieur et
inférieur.

Cependant, il ne faudrait pas continuer à croire que les
alizés supérieurs vont jusqu'aux pôles et que, de là, redevenus
alizés inférieurs, ils reviennent fermer le cycle à l'équateur.

Non. Les vapeurs ascendantes de l'équateur sont chargées d'un pouvoir calorique plus ou moins grand qui se dépense en route dans un temps déterminé et par les basses températures des régions supérieures.

C'est ainsi que l'alizé supérieur venant du Pacifique sème ses cyclones dévastateurs et ses trombes sur l'Amérique, touche terre sur la côte du Maroc et finit par arroser toute l'Europe occidentale par la condensation des tièdes vapeurs d'eau des mers tropicales.

Les vents ne traînent de gros nimbus suant la vapeur d'eau que s'ils rencontrent de l'eau sur leur route.

Aussi bien, le simoun, sec et brûlant comme les déserts d'Afrique, jusqu'aux rives algériennes, arrive sur les côtes de France tellement chargé d'eau que ses pluies inondent souvent la Provence.

Les vents du nord ne sont dépourvus d'humidité que dans les pays froids, même s'ils traversent les mers, l'évaporation dans ces régions étant presque nulle.

Mais qu'un vent du nord passe au-dessus de la Méditerranée et arrive en Afrique, il y déposera, le soir, l'eau que le soleil a évaporée et tenue en suspension durant la journée.

Si la terre était immobile et sa surface uniforme, les vents alizés iraient directement de l'équateur aux deux pôles.

Or, toutes les vingt-quatre heures, notre globe tourne autour de son axe de l'ouest à l'est avec une vitesse de 1,600 kilomètres à l'heure. Et, comme l'air, à l'équateur, a la même vitesse, la trajectoire réelle des courants supérieurs venant de l'équateur est la résultante de deux forces : celle qui le pousse vers le nord, sud-nord, et la vitesse de la terre, est-ouest.

La trajectoire résultant du concours de ces deux forces est donc dirigée du sud-sud-ouest vers le nord-nord-est.

L'action locale de la chaleur solaire produit dans chaque pays, dans chaque bassin, les vents de moindre importance au point de vue de la longueur de leur trajet.

Ainsi, il est des vents qui naissent de l'échauffement de l'air dans les vallées, au pied des grandes montagnes, et qui ont des violences extrêmes. Il est des brises fraîches venant des montagnes couvertes de neiges, des brises de terre et des brises de mer engendrées par les variations de tempéture des rivages.

Le soleil du matin, élevant la température de la terre au rivage de la mer, détermine un déplacement vertical d'air qui est remplacé par l'air froid de la mer.

Par contre, vers la fin de la journée, le refroidissement du sol se produisant plus vite que celui de la mer, change les conditions et le vent souffle du côté de la terre.

Donc, vallées, montagnes, forêts, fleuves, nuages cachant le soleil durant un certain temps, changements de température, et jusqu'à la différence de la couleur du sol de plusieurs localités adjacentes, etc., etc., peuvent être autant de causes de formation des vents.

Quant aux grandes tempêtes, aux cyclones, je suis persuadé que M. Faye a incontestablement raison quand il affirme qu'ils ont leur origine dans les nuages.

J'ai assisté à la tempête de grêle qui s'abattit sur Paris en 1884.

Je me trouvais avec A. Letort et P. Livrelli, au milieu du polygone de Vincennes, dans la nacelle du ballon *L'Horizon* recouverte d'un parachute.

Il y avait dans l'espace trois ou quatre courants chargés de nuages.

Au moment où la grêle tombait comme par tombereaux, j'ai vu un gros nuage tomber d'une centaine de mètres verticalement.

Un remous épouvantable s'ensuivit.

* *

Toute forme nuageuse accuse, dénonce la vapeur d'eau dans l'espace.

Chaque couche de nuages marque la séparation de deux courants de température et de direction contraires. Un nuage est la vapeur d'eau du courant chaud condensée par le courant froid.

Et l'on peut dire que, par un ciel pur, il n'y a qu'un seul courant dans l'espace.

* *

Lorsqu'on quitte, en ballon, un courant d'une direction donnée, on peut rencontrer successivement des courants de vitesse et de direction différentes.

Parmi le nombre considérable des ascensions effectuées jusqu'à ce jour, on en compte peu qui aient été exécutées par une absence totale de vent.

En 1878, le ballon qui emportait Sarah Bernhard resta durant plus d'une heure au zénith de la place du Carrousel.

M. G. Tissandier, l'éminent ingénieur-aéronaute, s'éleva à la Villette, et durant plus de deux heures, à des hauteurs variant de 0 à 3,000 mètres, il ne put trouver la moindre brise pouvant le sortir de dessus les gazomètres de l'usine à gaz.

Mais d'autre part, et quoique les aéronautes attendent le beau temps pour s'envoler, presque toutes les ascensions se terminent par des traînages plus ou moins longs, suivant que les engins d'arrêt s'accrochent ou ne s'accrochent pas à des obstacles qu'ils ne rencontrent que fort rarement et suivant que le ballon est plus ou moins volumineux.

Ainsi, MM. G. Tissandier et W. de Fonvielle, partis de la Villette, firent plus de 100 kilomètres en 35 minutes !

Les voyages de Green, de MM. Renard et le comte de Dion, etc., montant *L'Horizon* (traînage en Suisse !), celui, fameux entre tous, de Nadar avec le *Géant*, et mille autres, ont prouvé que rares sont les jours où l'on n'est emporté en ballon qu'avec une vitesse de 30 à 40 kilomètres à l'heure.

M. le commandant Renard, le chef incontesté de l'école du *plus léger que l'air*, qui s'entend bien en aérostation, a imaginé une *chaîne-ancre* qui, par sa forme et ses dimensions, prouve bien que son auteur a passé par de rudes épreuves. J'ai vu la *chaîne-ancre* qu'il avait fait construire pour le ballon *L'Horizon*, et l'on se demande pourquoi il s'obstine à vouloir diriger les ballons après avoir su inventer cet engin d'arrêt auquel cependant, il doit le savoir, il manque des dents, brisées durant un traînage !... La corde d'ancre fut elle-même cassée...

J'ai fait ma cinquième ascension avec M. le député Laisant.

Avant le départ, vingt hommes étaient impuissants à maintenir le ballon (le *Gabizos*), ne cubant que 800 mètres cubes.

Afin de nous mantenir longtemps en l'air, nous avions prodigué nos moyens d'atterrissage ; il devait nous en coûter cher à la descente... Le vent soufflait à 100 kilomètres à l'heure : ce fut mon premier traînage.

Quand on vient d'assister à un pareil spectacle, on pense à la *direction des ballons* et un frisson vous glace le dos, car on entrevoit une toute petite hélice remorquant un ballon immense sur lequel souffle un vent... comme celui qui tout à l'heure faisait faire à notre petit ballon des bonds de 100 mètres de hauteur ! bonds qui ont terrifié à tel point les paysans qu'ils n'osent maintenant, malgré nos instances, toucher à la grosse bête : *le ballon !* croyant qu'il se repose, qu'il reprend haleine pour s'élancer de nouveau, avec des élans furieux et des sifflements sinistres, dans une course échevelée.

*
* *

Une des grandes préoccupations des savants fut, de tous temps, la composition de l'atmosphère dans ses hautes régions, son état thermométrique, barométrique, hygrométrique, etc., etc...

Robertson et Leet ont exécuté le premier voyage scientifique à Hambourg, le 18 juillet 1803.

Ils atteignirent la hauteur de 7,170 mètres.

Le rapport sur cette ascension que l'on retrouve dans les mémoires de Robertson avait bouleversé le monde scientifique.

Gay-Lussac et Biot partirent le 21 avril 1804 du jardin du Conservatoire, sous le patronage de Laplace, pour vérifier les assertions de Robertson.

Voici le résultat de leurs observations, en ce qui concerne les oscillations de l'aiguille aimantée à diverses hauteurs.

Hauteurs calculées.	Nombre des oscillations.	Temps.
2,897 mètres	5	35 secondes.
3,038 —	5	35 —
— —	5	35 —
— —	5	55 —
2,862 —	10	70 —
3,143 —	5	35 —
3,665 —	5	35, 5
3,589 —	10	68 —
3,742 —	5	35 —
3,977 —	10	70 —

Ces résultats établissent avec quelque certitude la proposition suivante :

La propriété magnétique n'éprouve aucune diminution appréciable depuis la terre jusqu'à 4,000 mètres de hauteur : son action dans ces limites se manifeste constamment par les mem effets et suivant les mêmes lois.

Dans son rapport, Gay-Lussac fait observer que les irr.gularités dans les oscillations de l'aiguille aimantée peuvent être attribuées à la rotation continuelle de l'aérostat sur lui-même. »

A propos de ces mouvements giratoires qui inquiètent tant les aéronautes, des expériences personnelles me permettent d'affirmer que les mouvements giratoires du ballon peuvent être totalement supprimés, si on suspend au-dessous de la nacelle une dizaine de mètres carrés de forte toile au bout d'une corde à forte torsion de cent mètres de longueur.

Le ballon de Gay-Lussac et Biot étant trop petit, durant cette ascension, ils ne purent s'élever qu'à la hauteur de 4,000 mètres.

On décida que Gay-Lussac partirait tout seul le 16 septembre suivant. Son ascension dura quatre heures pendant lesquelles il prouva que les proportions d'oxygène et d'azote qui constituent l'atmosphère ne varient pas sensiblement dans des limites bien étendues.

Constitution atmosphérique, par Biot.
Observations du voyage aérostatique de Gay-Lussac.

TEMPÉRATURE en dogrés de thermomètre centésimal.	MOYENNE DES INDICATIONS des DEUX HYGROMÈTRES	HAUTEUR MOYENNE du baromètre dans l'atmosphère ramenée à celle d'un baromètre à niveau constant.	HAUTEURS CORRESPONDANTES au-dessus de l'observatoire de Paris calculées par la formule barométrique de Laplace.
+ 30,75	57,5	0^m,76568	0^m,00
12,50	62,0	0^m,5384	3032^m,01
11,00	— 50,0	0^m,5143	3412^m,11
8,50	37,3	0^u,4968	3691^m,32
10,50	33,0	0^m,4905	3816^m,79
»	»	0^m,4528	4511^m,61
12,00	30,9	0^m,4666	4264^m,65
11,00	29,5	0^m,4626	4327^m,86
8,25	27,6	0^m,4404	4725^m,90
6,50	— 27,5	0^m,4353	4808^m,74
8,75	29,4	0^m,4528	4511^m,61
5,25	30,1	0^m,4249	5001^m,85
4,25	27,5	0^m,4114	5267^m,73
2,50	32,7	0^m,3985	5519^m,16
0,50	30,2	0^m,3901	5674^m,60
1,00	33.0	0^m,4141	5175^m,85
— 3,00	32,4	0^m,3717	6040^m,70
— 1,50	32,1	0^m,3696	6107^m,19
0,00	35,1	0^m,3918	5631^m,65
— 3.25	33,9	0^m,3670	6143^m,31
— 7,00	34,5	0^m,3339	6884^m,14
— 9,50	»	0^m,3288	6977^m,37

L'Institut n'ayant pas consenti à encourager davantage ces belles expériences, elles ne furent reprises qu'un demi-siècle après par Barral et Bixio, en 1850.

Voici le programme de ces deux savants :

« Déterminer la loi du décroissement de température avec la hauteur ; la loi du décroissement de l'humidité ; décider si la composition chimique de l'atmosphère est la même partout ; doser l'acide carbonique de l'air à diverses altitudes ; comparer les effets calorifiques des rayons solaires dans les plus hautes régions de l'atmosphère, avec ces mêmes effets observés à la surface de la terre ; constater s'il arrive en un point donné la même quantité de rayons calorifiques de tous les points de l'espace ; vérifier si la lumière réfléchie et transmise par les nuages est ou n'est pas polarisée, etc. »

Lors de leur première ascension à 6,500 mètres ils faillirent se tuer à la descente. Les instruments furent en partie détruits.

Le 27 juillet de la même année, ils repartaient dans de meilleures conditions et atteignaient la hauteur de 7,049 mètres.

Pendant cette ascension, après avoir dépassé un nuage, à la température de — 9°5, à 6,600 mètres le thermomètre centigrade marquait 39° au-dessous de zéro, alors que Gay-Lussac n'avait rencontré que 9°5 au-dessous de zéro à 7,016.

Il est de toute évidence que Barral et Bixio venaient de quitter un courant chaud et se trouvaient tout à coup dans un deuxième courant venant du nord.

M. Marcillac, électricien, et moi, à Marseille, en novembre 1886, avons constaté, durant une ascension, le phénomène inverse. Le vent du nord soufflait à terre et le thermomètre marquait + 4 degrés. A 1,100 mètres, nous trouvant immergés dans un courant sud, le thermomètre accusait + 18°.

L'espace nous manque pour parler des trente ascensions de Glaisher, exécutées avec l'aéronaute Coxwel, en 1862 et 63.

D'une partie de ses travaux, il résulte : que la quantité dont il faut s'élever pour avoir un abaissement de température d'un degré s'augmente constamment avec la hauteur. Si à la surface du sol elle n'est que de 50 à 100 mètres, à 8 kilomètres elle est de 530 ; le décroissement est donc devenu dix fois moins rapide qu'à la surface de la terre. Quand le ciel est couvert, le décroissement dans le premier kilomètre est moindre que lorsque le temps est serein ; ce qui se comprend facilement, les nuages empêchant le rayonnement de la chaleur terrestre.

A 6 ou 7 kilomètres, l'humidité n'est plus que les 12 ou 16 centièmes de ce qu'elle est quand l'air est saturé de vapeur d'eau.

De ses expériences il résulte aussi que la propagation des sons augmente en raison directe de l'état hygrométrique de l'atmosphère. Plus le temps est humide et plus les sons s'entendent distinctement et à des distances plus considérables.

Le 22 mars 1874, partait de la Villette le ballon *L'Étoile-Polaire* emportant Crocé-Spinelli et Sivel qui s'en allaient dans l'espace vérifier la théorie de Paul Bert sur le mal des montagnes.

« Nous ressentîmes dans notre voyage, disent MM. Sivel et Crocé-Spinelli, des impressions analogues à celles que nous avions éprouvées dans les cloches de dépression où nous étions entrés quelques jours avant l'ascension, pour descendre jusqu'à la pression de 304 millimètres. Cependant, dans la nacelle où nous arrivâmes à 300 millimètres, le malaise était bien plus vif que dans la cloche, ce qui doit être attribué au travail plus considérable effectué, au grand abaissement de la température et à la durée du séjour dans les couches élevées. Tandis que dans la nacelle nous avons subi un froid de 22 à 24° nous n'avions qu'une température constante de + 13° pendant la dépression à terre ; de plus, le séjour dans la cloche ne fut que d'une heure, ce qui est presque la durée des ascensions à grande hauteur au-dessus de 7,000 mètres, tandis que nous restâmes deux heures quarante minutes en l'air et une heure quarante-trois minutes au-dessus de 5,000 mètres... Nous commençâmes à respirer le mélange à 40 pour 100 à partir de 4,600 mètres et jusqu'à 6,000 mètres ; nous eûmes recours à celui à 70 pour 100 dans les grandes hauteurs, parce que le moins riche était insuffisant, surtout pour M. Crocé-Spinelli... Lorsque celui-ci ne respirait pas d'oxygène, il était obligé de s'asseoir sur un sac de lest et de faire ses observations, immobile dans cette position.

« L'esprit était précis et la mémoire excellente. Pour observer à l'aide du spectroscope, il lui fallait inspirer ce gaz justement appelé *vital*. Il essaya de manger. Le résultat ne fut pas d'abord favorable ; mais ayant eu l'idée de respirer en même temps de l'oxygène, il sentit l'appétit revenir et la digestion s'opérer facilement. Quant au pouls, il marquait chez lui entre les hauteurs de 6,500 et 7,400 mètres, 140 pulsations avant l'inspiration et 120 immédiatement après. Son pouls à terre est de 80 en moyenne. »

Crocé-Spinelli et Sivel repartaient dans le *Zénith*, le 15 avril 1875.

Cette ascension les mena mourir glorieusement à 8,624 mètres de hauteur.

M. G. Tissandier qui les accompagnait fut sauvé miraculeusement. Il demeure le témoin vivant d'une des pages les plus terribles de l'aérostation.

D'aucuns dirent que ces martyrs ont été les victimes d'une cause inutile.

Je dis, moi, que l'héroïsme n'est jamais inutile, car il est un enseignement.

* *

Bien avant mon expérience de sauvetage aérien du 12 juillet 1892, j'avais pensé à assurer la libre exploitation de l'atmosphère, sans aucun danger pour les savants et les aéronautes.

Et, dans une communication lue par M. Berthelot à l'Académie des sciences, en 1892, je disais :

« Monsieur le secrétaire perpétuel,

« J'ai l'honneur de soumettre à la haute appréciation de l'Académie des sciences la proposition suivante :

« Le 12 juillet dernier, j'ai exécuté à l'usine à gaz de la Villette une ascension avec un ballon recouvert d'un parachute de mon invention, auquel était suspendue la nacelle. Arrivé entre 1,200 et 1,300 mètres, j'ai moi-même fendu mon ballon, de la soupape à l'appendice.

« L'enveloppe du ballon crevé s'affaissa sur le cercle au-dessus de la nacelle :

« Le parachute, grand ouvert (360 mètres carrés), supportait, à partir de ce moment, environ 500 kilogrammes, et je fus déposé à terre, en 15 minutes, sans la moindre secousse ni oscillation, malgré la pluie et le vent.

« En dehors des services qu'est appelé à rendre cet appareil de sauvetage, en prévoyant et conjurant les dangers de catastrophes au cours d'une exploration aérienne, j'ai pensé que la science pure n'aurait rien perdu à cette invention.

« En effet :

« Dans une ascension à grande hauteur, l'aéronaute, vers 8,000 mètres, s'endort ou meurt et ne peut plus participer aux suites de l'expérience.

« Seuls, les appareils enregistreurs continuent à travailler. Qu'on se souvienne de l'ascension du *Zénith*.

« Avec mon sauveteur aérien, on pourrait lancer tous les appareils de précision connus, à n'importe quelle hauteur, dans un gros ballon dont la nacelle imperméable serait remplie d'eau rendue incongelable, qui se déverserait automatiquement par un robinet.

« Cet aérostat, après avoir atteint son maximum de hauteur qui peut être de 20,000 mètres, se mettrait en descente sans oscillation, grâce au parachute qui déposerait tout le matériel à terre doucement, comme l'a démontré mon expérience du 12 juillet dernier. Alors, si les appareils ont été choisis par des savants autorisés, ces mêmes savants pourraient, en lisant les diagrammes des enregistreurs, être fixés sur la hauteur et sur la constitution de l'atmosphère, à des régions où l'homme ne peut vivre.

« Il faudrait faire une série de ces ascensions *sans aéronaute.* »

J'ajouterai ici ce que je prêchais en 1890. Si l'on veut obtenir des solutions définitives, il faut que ces explorations atmosphériques soient répétées indéfiniment, au même jour et à la même heure, sur différents points du globe. Il faut surtout que tous les résultats soient ensuite centralisés.

MM. G. Hermite et G. Besançon lancèrent quatorze petits ballons en 1892. Ces ballons ont atteint des hauteurs variant entre 1,200 et 9,000 mètres.

Le 21 mars 1893, avec l'aérophile de 6 mètres de diamètre, ils obtinrent la magnifique hauteur de 16,000 mètres. La pression barométrique se trouvait réduite à 103 millimètres. Le thermomètre marquait — 51° à 12,472 mètres et si l'encre des appareils ne s'était congelée, M. Hermite prétend que le thermomètre aurait donné — 160° à 16,000 mètres.

En somme la connaissance absolue de l'espace sera une des gloires de ce siècle et un préliminaire sérieux à la navigation aérienne. Que chacun y travaille de son côté en se souvenant que le capitaine Maury n'a bâti un monument impérissable sur les courants marins qu'en accumulant, durant un demi-siècle, les rapports et les observations de tous les navigateurs du monde entier.

Pour déchiffrer les secrets de l'atmosphère, pour construire par exemple une carte des courants aériens multiples à chaque hauteur et à toutes les hauteurs, la besogne est colossale. Chacun peut en prendre sa part sans crainte..., il en restera pour nos petits-fils.

Ainsi, à propos de l'épaisseur de la couche atmosphérique, dès le iie siècle avant notre ère, Posidinius, géomètre, avait trouvé la hauteur, généralement admise aujourd'hui, de 64 kilomètres.

Selon Lambert, cette hauteur serait de 29,000 mètres; selon Lahire, de 70,870 mètres ; de 1,200 kilomètres (!!!) selon Mairan ; d'après Biot (qui a la conscience large) cette hauteur va de 11 à 59 kilomètres (!)

Nous faisons un bond (moins vertigineux qu'avec Mairan, pourtant) avec le Brésilien Liais, qui dit que la hauteur de l'atmosphère peut atteindre de 205 à 320 kilomètres.

Bravais, lui, accuse 160 kilomètres.

D'autre part, Coulvier à Paris, et Liais à Cherbourg, ont simultanément visé un bolide qui a traversé la couche à une hauteur de 128 kilomètres.

Un autre bolide a été visé à 200 kilomètres, par Petit.

Un météore, observé par E. Heis, passait à 290 kilomètres. Un autre, simultanément observé à Breslau et à Berlin, avait une hauteur de 460 kilomètres.

Enfin la hauteur maxima à laquelle l'homme, en souffrant beaucoup, puisse vivre en prenant toutes les précautions recommandées, est, suivant les constitutions, de 8,000 à 10,000 mètres.

Quant à la hauteur totale de l'atmosphère, suivant notre humble avis, elle va se noyer dans l'infini à une distance indéterminée.

*
* *

J'ai fait, le 28 novembre 1886, à Marseille, avec l'électricien P. Marcillac, une ascension en vue d'étudier la distribution de l'électricité atmosphérique.

M. P. Marcillac s'était présenté à moi sous les auspices de deux grands savants : Palmieri, de Naples, et Colladon, de Genève.

Dans un article, paru dans la *Lumière électrique* du 5 février 1887, mon compagnon de voyage rend compte, avec force détails, des résultats de cette ascension.

Au point de vue des signes, Palmieri déclare que : par un ciel clair, l'électricité est toujours positive et que si, par un ciel serein, on a des signes négatifs, il pleut, il neige ou il grêle sûrement à une certaine distance. Pour ce qui a trait à la tension, ayant comparé les relevés des observatoires du Vésuve (637 mètres), de Capodimonte (149 mètres), de l'Université de Naples (57 mètres), de Moncalieri (350 mètres) et du Petit Saint-Bernard (2,157 mètres), il avait trouvé que « dans toutes les journées calmes et sereines, les tensions notées dans les stations inférieures surpassent celles des stations les plus élevées. »

D'autre part, sir W. Thomson écrit, en parlant des signes : «. On cite à peine quelques observations dans lesquelles l'air se soit montré négatif par un temps serein. Beccaria n'a constaté ce signe que six fois en seize années. Cette électricité négative pouvait être attribuée à des régions voisines où l'atmosphère était agitée. »

D'un autre côté, dit M. Marcillac, M. Mascart qui a analysé les résultats obtenus par Biot et Gay-Lussac dans une ascension en aérostat, paraît admettre une électrisation positive de l'air et une distribution croissant régulièrement avec l'altitude.

Colladon était en désaccord sur bien des points avec Palmieri dont les expériences sont faites sur les flancs du Vésuve où l'état électrique doit être notablement influencé par les vapeurs qu'émettent les solfatares des environs et le cratère du volcan.

Colladon estime que ce n'est pas l'altitude du lieu qu'il faut considérer, mais la distance du collecteur au sol, l'épaisseur de la couche d'air entre l'un et l'autre ; et il conseille les expériences en ballon.

Nous sommes partis à 5 heures et demie, avec tellement de précision et si peu de force ascensionnelle que la lame d'or de l'électroscope n'eut pas la moindre oscillation, ce qui combla de joie mon brave électricien

Comme M. Marcillac avait besoin de répéter ses expé-

— 21 —

riences en montant et en descendant, j'ai fait faire au ballon cinq oscillations verticales durant lesquelles nous avons été cinq fois en pleine mer. Nous avons pu remarquer que quand nous avons plané sur mer et que la température s'est maintenue basse, la pile sèche a paru perdre de son énergie qu'elle retrouva dans la salle à manger très chaude où M. le marquis de Villeneuve nous reçut après l'atterrissage qui fut des plus périlleux.

Voici le tableau résultant des expériences de notre ascension

BAROMÈTRE	Thermomètre centigrade.	Déviations en millimètres vers le + ou le —		VALEURS en Volts.		Distance des plateaux en centimètres.	OBSERVATIONS
600	13 5	+	5	—	45	2	Parachute-lest.
700	12	+	5	—	100	3	Nuage léger (ouate), puis ascension rapide.
1.750	11	+	2 5	—	50	3	
2.000	»»	»»		»»		»	Cumulus épais au S.-S.-E. sur collines de Carpiagne.
900	10	0	0		00	3	Nuage.
1.100	9	+	1 5	—	14	2	— Hors nuage sur bassins Nord.
1.100	18	0	0		00	2	
1.300	17 3	0	0		00	2	
1.100	16 2	—	5	+	45	2	—
800	6	+	8	—	16	1	Bord nuage sur mer.
500	6	+	8	—	16	1	Centre du nuage.
200	6 5	+	5	—	45	2	Dessous de la nuée.
100	8	0	0		00	2	Sur avant port Nord.
200	9	+	2 5	—	23	2	Sur bassin d'Arenc.
500	9	+	2 5	—	23	2	4,53 sur le bord de la terre puis sur la batterie de Pinède.
700	8	+	1 5	—	14	2	Sur mer : buée.
700	7	+	2 5	—	23	2	Plaine des nuages à l'ouest.
500	6	0	0		00	1	Pleine mer à gauche du Rio-Tinto en plein nuage.
400	6	+	2 5	+	5	1	Au bas du nuage.

Lune. — Dernière lecture à la sortie du nuage. — Cage se couvre de rosée; nous rentrons dans un nouveau nuage épais qui couvre le Rio-Tinto.

N. B. — En employant une pile de 100 éléments Branly (zinc, eau, platine), pour laquelle il a trouvé : 1 élément Branly = 1,08 volt = sensiblement 1 volt. M. Macé de Lépinay a obtenu (en tenant compte de l'écartement des plateaux) les valeurs en volts qui figurent dans la colonne 4 du tableau ci-dessus.

Le 26 avril 1894, par un temps orageux, M. Pierre Livrelli, ingénieur, s'élevait dans le *Caliban*, afin d'expérimenter mon sauveteur aérien.

En arrivant à la hauteur de 1,500 mètres et avant d'atteindre la couche nuageuse, il ressentit dans tout le corps et notamment à la figure et aux mains un fourmillement particulier ; pensant que cette sensation pouvait être due à l'état électrique du milieu où il se trouvait, il étendit les mains et constata que du bout de ses doigts s'échappaient des étincelles électriques d'environ un centimètre de longueur.

Ce phénomène se prolongea durant une vingtaine de secondes et cessa de se manifester dès que le ballon eut atteint la couche de nuages.

C'était la première fois que ce phénomène se produisait dans un ballon non captif, ne touchant pas terre, dans un ballon isolé dans l'espace.

Au moment où les étincelles se sont produites, M. Livrelli devait se trouver dans la zone troublée qui existe toujours horizontalement entre deux courants de direction et de température différentes.

<h2 style="text-align:center">III</h2>

Dès que l'homme eut à sa disposition la faculté de se maintenir dans l'espace, l'aéronaute rêva pour son véhicule les plus brillantes destinées.

Le 22 février 1784, on avait trouvé dans les environs de Lille un ballon non monté. Ce ballon, lancé à Sandwich, dans le comté de Kent, avait mis deux heures et demie pour traverser la Manche.

Un mois après, on en ramassa un autre, à Ypres en Belgique, qui était parti de Cantorbery.

Il n'en fallait pas plus à Pilâtre de Rozier pour décider de se servir des courants aériens afin de passer en Angleterre avec des vents du sud.

Mais, le 7 janvier 1785, Blanchard et le docteur Jeffrys partaient en ballon de Douvres pour atterrir deux heures après dans la forêt de Guines.

Le docteur Jeffrys raconte que, durant ce voyage très court, ils sacrifièrent tout ce qui pouvait alourdir le ballon, même les draperies qui ornaient la nacelle ; et ils jetèrent tellement de choses qu'arrivés dans la forêt de Guines, ils étaient tout nus. .

Cette belle ascension couvrit Blanchard de gloriole et d'or.

Pilâtre de Rozier eut la vision exacte de la direction des ballons ou des montgolfières en se servant des multiples courants aériens.

Pour cela il fallait rendre le ballon passible d'une *direction verticale.*

En d'autres termes, avoir, en soi, la faculté d'aller chercher le courant favorable à n'importe quelle hauteur et de s'y maintenir, tel était le problème.

Pilâtre de Rozier, pour réaliser son idée, agença une montgolfière cylindrique au-dessous du ballon rempli d'hydrogène, de gaz inflammable.

Si tant de témérité ne lui avait coûté la vie, il aurait pu, en chauffant plus ou moins sa montgolfière, communiquer plus ou moins de chaleur à l'hydrogène, le dilater pour monter et le faire diminuer de volume pour redescendre.

C'est à Boulogne, le 15 juin 1785, que le ballon-montgolfière de Pilâtre de Rozier prit feu et éclata en l'air faisant du premier aéronaute et de Romain qui l'accompagnait, les premiers martyrs de l'aérostation.

Monter et descendre à volonté, tel a été le problème qu'ont cherché à résoudre une foule d'auteurs aérostatiques. Mille moyens ont été proposés pour arriver à ce résultat; nous nous bornerons à passer rapidement en revue les plus intéressants.

Les ballons appelés « montgolfières » étaient remplis d'air ordinaire et s'enlevaient à l'aide d'un feu entretenu à la partie inférieure. La dilatation produite de la sorte rendait l'appareil plus léger que le milieu ambiant et déterminait l'ascension. Quand on diminuait le feu, le ballon redescendait.

Le baron Scot, prenant un poisson pour modèle d'un aérostat, s'attacha à l'imiter dans sa forme et son mode de propulsion.

Son projet de ballon présenta donc une vessie pleine d'air,

destinée à remplacer la vessie natatoire du poisson. En comprimant ou en dilatant cette poche intérieure il devait obtenir
un changement de densité amenant la descente ou l'ascension
de l'appareil.

Mais, d'une part, la faible différence de densité réalisée en
comprimant, même très fortement, cette vessie, et d'autre part,
la difficulté des manœuvres, rendirent impraticable le projet
de l'inventeur.

Le général du génie Meusnier reprit, en la modifiant,
l'idée de ce dernier. Son système consistait dans l'emploi
d'un ballon à double enveloppe ; la plus petite renfermait du
gaz hydrogène ; l'espace vide existant entre elle et la deuxième
était rempli d'air dont la compression, obtenue à l'aide de
soufflets, augmentait le poids de l'appareil et déterminait sa
chute. L'ascension était produite par des moyens inverses.

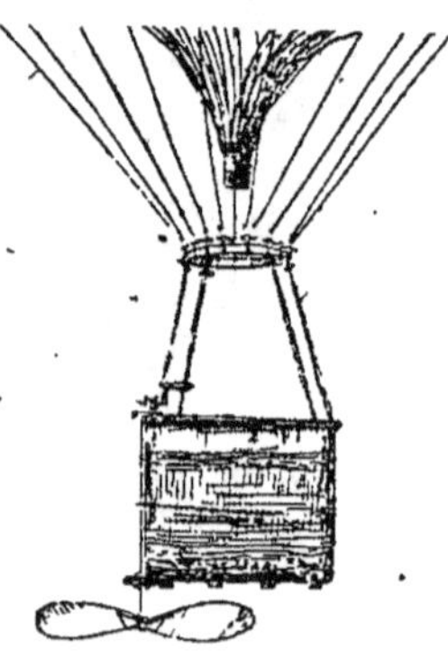

Comme dans le cas précédent, et
malgré l'amélioration réalisée, des
causes identiques firent abandonner
ce nouveau mode de propulsion.

Alban, Vallet, Testu, Robert, vers
1784, le docteur Van Hecke, en 1847,
employèrent, pour arriver au même
résultat, différents moyens mécani-
ques : les uns se servirent de rames,
les autres de palettes tournantes, etc.

Mais tous ces essais demeurèrent
infructueux et furent condamnés par
la pratique, malgré le semblant de
réussite que certains purent pré-
senter lors des premières expériences qui en furent faites.

Lhoste et Mangot, en 1886, reprirent cependant ces essais
au moyen d'hélices et Mallet lui-même s'est servi, il n'y a pas
un mois, d'une hélice horizontale pour essayer d'imprimer
des mouvements verticaux à son ballon, *Le Tour de France*.

Green croyait arriver à une solution du problème en faisant usage d'une corde (guide-rope) traînant à terre et suspendue à la nacelle. Son contact plus ou moins grand avec le
sol donnait plus ou moins de légèreté.

D'aucuns proposèrent facétieusement d'avoir, sur le cercle
du ballon, une demi-douzaine de canards attachés par la

patte. Suivant que ces canards voleraient ou reviendraient se reposer dans les cordages, ils provoqueraient des ruptures d'équilibre.

Voici comment j'envisageai moi-même la question en 1886, avec les *parachutes-lest* qui me servirent le 14 novembre à passer la Méditerranée avec un vieux ballon de 800 mètres cubes, chargé de deux personnes, et, le 3 juin, à revenir à la Villette au point de départ, en utilisant un courant supérieur diamétralement opposé au courant inférieur.

Puisqu'un aérostat, en équilibre à un point donné, s'élève rapidement au-dessus de ce point si on l'allège d'un poids relativement faible, serait-il possible d'opérer momentanément ce délestage, et, l'ascension obtenue par ce fait, de rentrer en possession du lest qui l'a produite afin d'amener une nouvelle chute?

Si ardue que paraisse cette question elle se trouve résolue tout simplement avec le *parachute lest*.

Cet engin n'est autre chose qu'un parachute ordinaire auquel on suspend un poids en rapport avec sa surface et muni en outre d'une longue corde dont l'extrémité libre est fixée à la nacelle sur le tambour d'un treuil.

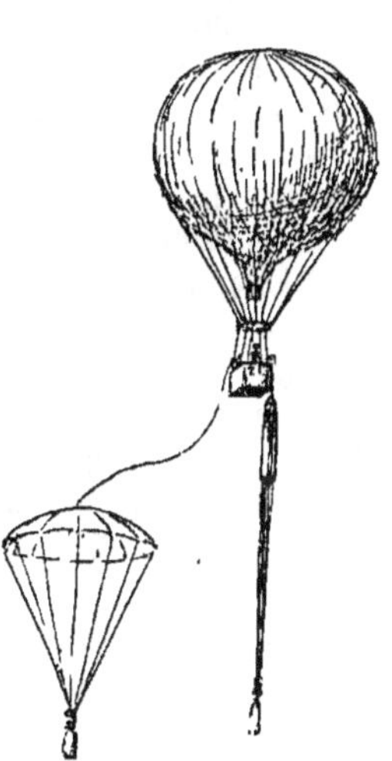

Le ballon étant en équilibre à une certaine hauteur, abandonnons un de ces parachutes dans l'espace; il s'ouvre immédiatement sous l'influence de la résistance de l'air, ralentissant ainsi la chute du poids qu'il supporte, tandis que la corde qui le relie à la nacelle de l'aérostat se déroule progressivement.

Ballon et parachute-lest forment, durant cette période, deux systèmes *complètement indépendants* l'un de l'autre.

L'aérostat, se trouvant allégé d'un poids relativement considérable, s'élève immédiatement, entraînant dans son ascension le parachute-lest qui continue son mouvement *relatif* de descente, jusqu'à ce que la corde qui le rend solidaire du ballon soit complètement tendue.

Cette tension n'empêche pas l'aérostat de persister un moment dans son mouvement ascensionnel en vertu de la vitesse acquise; mais la force d'inertie une fois épuisée et sous l'action du poids du parachute-lest qui vient s'ajouter au sien propre, il tend à revenir à sa hauteur primitive d'équilibre. Ce mouvement de descente, qui, en pratique, se produit d'une façon très lente, peut être accéléré : il suffit pour cela d'exercer une traction suffisante sur la corde du parachute en ramenant celle-ci dans la nacelle.

En 1836, alors que les aéronautes avaient acquis déjà une belle expérience, Green, l'inventeur du cône-ancre et du guide-rope, partit le 7 novembre de Londres, avec MM. Mollond et Monk-Masson.

Ce beau voyage se termina, dix-huit heures et demie après, dans le duché de Nassau.

N'oublions pas Rolier et Bézier qui, partis de Paris assiégé, atterrirent en Norvège quinze heures après. Ils avaient fait 1,500 kilomètres.

Passer la Manche est un petit tour de force qui a de tout temps chatouillé l'esprit aventureux des aéronautes.

Barnaby, Birne, John Simmons réussirent ; Lhoste et Mangot firent ce trajet trois fois, en partant de Cherbourg et de Boulogne; puis, par un jour de malheur, le vent ayant fléchi, les laissa avec leur ballon en pleine mer où des marins anglais les abandonnèrent lâchement se débattant avec la mort.

Morts noyés, et peut-être en présence d'un grand nombre de bateaux défilant comme un cauchemar obsédant sur leur faible horizon; noyés aussi Prince, Lacaze, Powell, d'Armentières, Charles Brest, Jules Floy, Gower, Marché. Mort noyé, le grand aéronaute Arban.

Quelques aéronautes se sont habilement servis des courants superposés pour éviter à terre des descentes désagréables ou des chutes en mer presque toujours fatales.

Durant mes nombreuses ascensions maritimes dans l'île de Corse, à Marseille et à Toulon, j'ai toujours rencontré des vents du large qui m'ont ramené à terre.

Il faut citer, pour donner une idée de la durée des courants aériens, de leur étendue et de leur intensité, une série d'ascensions dont la première en date est celle du ballon du sacre de

Napoléon Ier, lancé à onze heures du soir du parvis de Notre-Dame par Garnerin.

Ce ballon enlevait une couronne formée par trois mille verres de couleur, et disparaissait bientôt dans la nuit, poussé par un vent du sud-ouest.

Huit heures après, il planait à côté de la coupole de Saint-Pierre, dominant la Ville Éternelle, après un trajet de 1,100 kilomètres.

Les verres de couleurs formant la couronne étaient éteints ; mais les rayons du soleil levant s'y reflétaient.

A l'atterrissage, le ballon laissa une partie de sa couronne accrochée au tombeau de Néron.

En 1864, le *Géant* fit le trajet de Paris en Hanovre, 1,500 kilomètres, en treize heures.

En 1867, Godard et Flammarion vont de Paris à Dusseldorf, 700 kilomètres, en treize heures.

En 1875, le voyage du *Zénith* avec Crocé-Spinelli et Sivel, de Paris à Arcachon, 590 kilomètres, en vingt-deux heures et demie.

En 1883, l'*Albatros* de Jovis, de Marseille à la province de Luca, 450 kilomètres, en douze heures et demie.

En 1886, celui de M. Hervé, de Boulogne à la mer du Nord, 150 kilomètres, en vingt-six heures.

En 1886, mon ascension de Marseille à Ajaccio (Corse), 360 kilomètres, en cinq heures et demie.

En 1892, l'ascension du *Journal,* monté par Bans, G. Besançon et Baissas, de Paris à Marsac, 480 kilomètres, en dix-neuf heures.

Et enfin, en 1892, l'ascension de Mallet (au guide-rope), de Paris en Bavière, 850 kilomètres, en trente-six heures.

Tout le secret de ces voyages magnifiques, il faut le rechercher dans un matériel bien verni, un bon départ et surtout un aéronaute sachant ce qu'il veut avec sang-froid et ce qu'il doit faire sans indécision.

La seule et unique condition à observer, si on veut exécuter une ascension de grande durée, c'est d'appliquer toute son attention et tous ses efforts à maintenir le ballon à la même hauteur en supprimant, dès qu'elles se produisent, ses moindres tendances à monter ou à descendre.

Quant à aller loin, très loin, le vent s'en charge, surtout

s'il souffle aussi fort que le jour où G. Tissandier et W. de Fonvielle, montant le *Céleste*, firent 230 kilomètres à l'heure.

On ne saurait mieux terminer ce court exposé qu'en publiant une lettre de M. H. Faye sur certains courants aériens. Cette lettre fut écrite par le savant académicien au directeur du journal *La Paix*, en mai 1888, au moment où Jovis annonçait dans la presse son intention de passer l'Atlantique en ballon :

« Je viens de lire avec le plus vif intérêt, dans votre journal, l'annonce du voyage super-océanique que M. Jovis, le capitaine du ballon *Le Horla*, a projeté de faire avec son second et M. Paul Arène. Permettez-moi de donner à ce sujet quelques renseignements que me suggère l'étude des courants aériens supérieurs, au sein desquels se forment les tempêtes, et qui vont effectivement d'Amérique en Europe, par-dessus l'Atlantique.

« Il est bien vrai qu'en partant d'un point tel que Caracas, situé par 10° de latitude nord sur la côte septentrionale de l'Amérique du Sud, et en s'élevant très haut dans l'atmosphère (dans la région des cirrus), on a chance de rencontrer un de ces courants ; mais ces courants marchent d'abord lentement et n'acquièrent une grande vitesse que beaucoup plus au nord, vers 20° ou 25° de latitude. Le voyage, au lieu de durer trois jours et trois nuits, durera au moins de 10 à 12 jours.

« En outre, ces courants ne partent pas directement vers les côtes septentrionales de l'Europe. A partir du parallèle de 10°, ils se dirigent lentement vers l'ouest en déclinant de plus en plus au nord. Vers 30 ou 35°, selon la saison, ils marchent droit au nord, puis s'inclinent vers l'est et prennent finalement la direction du nord-est.

« Ainsi, un de ces courants pris au-dessus de Caracas commencera à marcher vers le golfe du Mexique ; puis, il entrera par les côtes du Texas sur le territoire des États-Unis ; il sortira de ce continent par quelque point situé entre Philadelphie et Terre-Neuve, traversera obliquement l'Atlantique et aboutira au golfe de Gascogne ou aux côtes d'Irlande ou à celles de Suède et de Norvège.

« C'est dans ces courants supérieurs que se forment les cyclones, circonstance évidemment dangereuse pour un pareil voyage.

« S'il s'agit uniquement de traverser l'Atlantique, entreprise bien plus difficile que les douze travaux d'Hercule, il vaudrait mieux s'installer sur la côte est des Etats-Unis, vers New-York par exemple, se mettre en communication journalière, avec le bureau météorologique du *New-York Herald* avec le *Signal service* de l'armée fédérale, et choisir, pour s'élever, le moment où une dépression barométrique peu dangereuse et d'avance bien étudiée passerait au-dessus de la station. Alors le voyage pourrait durer trois ou quatre jours et nous aurions au moins l'avantage que le départ du *Horla* serait câblé immédiatement à toutes les côtes européennes. On pourrait ainsi se préparer à le chercher en mer et à le recevoir. »

. . . .

Hâtons-nous de dire que M. Faye s'alarmait bien à tort, Jovis n'ayant jamais eu sincèrement l'intention de risquer sa pauvre vie au-dessus des flots amers de l'Atlantique.

Ce qui est réellement alarmant, c'est le nombre considérable des accidents et des catastrophes aériennes. Il s'en est produit tellement, depuis celle de Pilâtre de Rozier, qu'on a écrit des volumes pour les raconter.

Cela tient, en grande partie, à ce que l'aérostation civile n'est pas réglementée. Et elle devrait l'être, à un double point de vue. Au point de vue du matériel et au point de vue du personnel.

Le matériel, à de rares exceptions près, est un matériel pourri que des accapareurs de vieilles loques louent fort cher à de malheureux jeunes gens que l'amour du ballon devrait conduire en des nacelles plus saines, où leurs jeunes énergies seraient moins en péril.

Le personnel, il faut le dire, n'est pas toujours choisi parmi les élèves d'un très grand nombre d'écoles où ils ont pu recevoir une instruction pratique de la part de vieux aéronautes rompus à toutes les difficultés.

En ballon, monte qui veut, pourvu qu'il en ait un.

On y fait même monter de pauvres fillettes de treize ans...

On y enlève Leona Dare accrochée par les dents; des gymnasiarques y font du trapèze; le saltimbanque Boudet y monte à baudet; les Poitevins y montaient à cheval (et entre parenthèse cela mène loin !) On y va à bicyclette et en toilette de mariée ; on y tire des feux d'artifices !

Durant le siège, on confia des ballons, des dépêches et des

personnalités à des saltimbanques du même genre : ils se montrèrent tous incapables et lâches.

, C'est qu'il y a une différence entre le courage civique et le courage alcoolique et banal des brutes.

**

D'autre part, qu'une guerre éclate, et l'on verra les ballons libres des places fortes et même les captifs militaires tomber comme des masses sous les projectiles de canons spéciaux.

Que faire pour supprimer tant de catastrophes futures?

Quant à moi, je m'en tiendrais à mon *sauveteur aérien* qui, le 12 juillet 1892, au moment où je crevais mon ballon en deux, à 1,200 mètres de hauteur, me sauvait en me déposant doucement à terre.

Voici en quoi il consiste :

Le ballon est recouvert par un parachute en soie de 360 mètres carrés terminé par des cordages au bout desquels sont accrochés le cercle et la nacelle.

Lorsque le ballon est gonflé, le parachute est à moitié ouvert.

De telle sorte que, si le ballon vient à se déchirer en l'air, le sauveteur aérien s'ouvre entièrement et soutient le poids des aéronautes, de tous les agrès et même de l'enveloppe du ballon crevé qui vient se déposer automatiquement sur le cercle.

IV

LES BALLONS DIRIGEABLES

Beaucoup de personnes croient qu'il y a du vent en ballon. Eh bien ! rien n'est plus matériellement faux.

Un ballon est assimilable à un ludion dans son bocal. Si on déplace le bocal, le ludion n'a pas bougé relativement au bocal.

C'est le milieu où plane le ballon qui bouge, et non le ballon ; cela est tellement vrai que lorsqu'un ballon est emporté dans une tempête, l'aéronaute ne ressent aucune résistance : la fumée de sa cigarette monte verticalement.

Il n'y a pas de vent en ballon. Donc, les projets de ballons à voiles étaient ridicules : les voiles demeuraient flasques.

Quelques chercheurs persistant dans une erreur analogue et, se croyant mieux inspirés, ont cru pouvoir créer des vents artificiels. De cette idée ont surgi les ballons à voiles et ventilateurs.

Voiles et ventilateurs étaient, dans ces systèmes, posés sur un même tout, et les efforts dépensés étaient uniquement des efforts intérieurs.

Les voiles étaient gonflées, ce qui était la preuve d'un effort dépensé, mais le système restait en place.

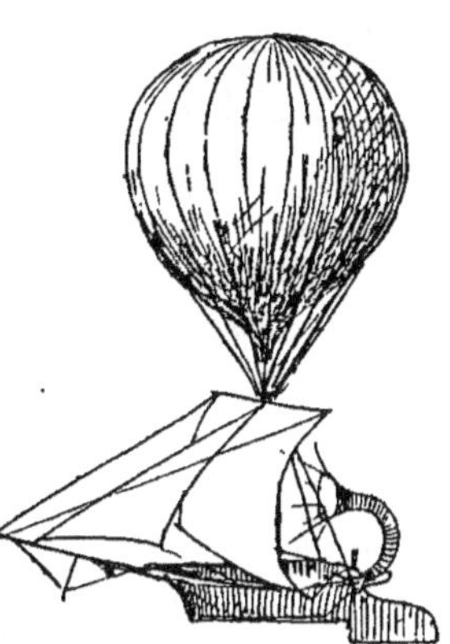

Blanchard, en 1789, appliqua à sa nacelle de simples rames et un gouvernail ; cela sans le moindre succès, malgré ce qu'il en dit.

En 1874, Guyton de Morveau fit une ascension, sous les auspices de l'académie de Dijon, avec un ballon ayant à son équateur deux châssis verticaux en soie et un gouvernail.

De la nacelle, au moyen de cordes, on faisait manœuvrer ces sortes d'ailes qui se fermaient d'avant en arrière.

L'inventeur et ses aides eurent beau ramer de la nacelle et de l'équateur, ce fut toujours sans succès.

D'autres aussi, tels que Miolan et Janinet, firent de vaines tentatives. Leur système consistait en un écran que les inventeurs devaient faire manœuvrer à la façon d'une godille.

Dès 1784, Brisson et le général Meusnier indiquèrent la forme allongée, comme la plus apte à être dirigée ; et le 19 septembre 1784, les frères Robert et Collin Hullin s'élevaient de Paris dans un ballon de 52 pieds de long sur 32 de diamètre. La nacelle de 16 pieds de long était munie de 6 rames et 1 gouvernail.

Ils prétendirent qu'au moyen de leurs rames ils purent rompre l'équilibre et décrire une ellipse, dont le petit axe était d'environ 1,000 toises. Ils calculèrent qu'ils avaient pu obtenir une déviation de 22 degrés de la ligne du vent.

L'année suivanté, Alban et Vallet essayèrent un système composé de quatre grandes ailes rappelant la roue à aubes d'un navire. Ils en obtinrent de bons résultats.

Masse imagina de donner à ses rames la forme des doigts palmés du cygne.

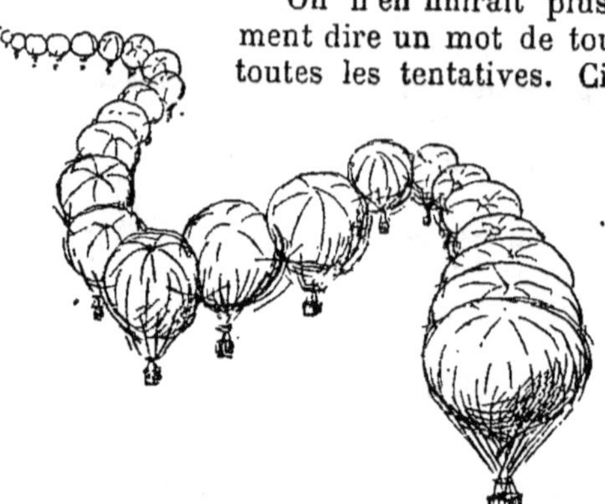

On n'en finirait plus s'il fallait seulement dire un mot de tous les projets et de toutes les tentatives. Citons Potin, Testu-Brissy, qui prostituait déjà l'aérostation comme un simple Poitevin en faisant des ascensions équestres, le comte Zambeccari qui se tua à Boulogne ; le baron Scott, Henin, Petin, Prosper Meller, Dupuis-Delcourt, qui voulurent transformer la force ascensionnelle et de chute de certains ballons allongés, plus ou moins inclinés, plus ou moins chargés de voiles, de parachutes et de plans inclinés, en résultante horizontale. Carra, Lennox, Samson, Julien, Ferdinand Lagleize, C. Vert, Crisy, Chéradame, Delamarne, Cordenous, Farcot, Smitter, Piller, Vaussin, Micciolo-Pïcasse, etc., etc., eurent aussi leur projet.

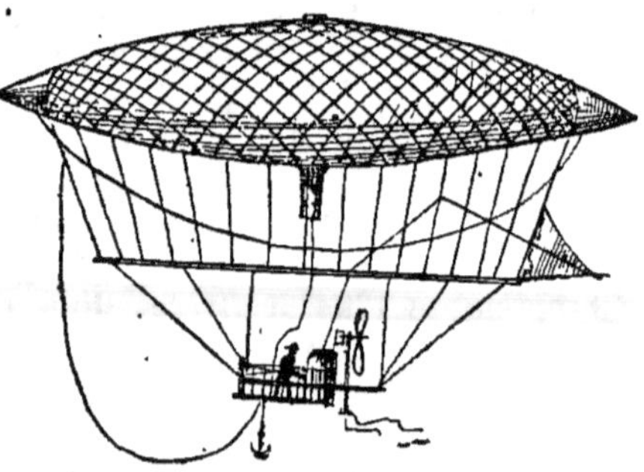

Et du projet de Monge, du grand Monge, faut-il en parler? Voulant imiter le mouvement du serpent dans l'eau, il eut l'idée d'unir ensemble un grand nombre de ballons sphériques. Le tout, en forme de chapelet, aurait été flexible en tous sens.

Le premier aérostat dirigeable à vapeur a été conduit dans les airs par son inventeur, H. Giffard, le 24 septembre 1852.

Il était allongé et de forme symétrique. Il avait 12 mètres de diamètre au milieu et 44 mètres de longueur. Il cubait 2,500 mètres. La vitesse obtenue fut de 3 mètres par seconde.

Son principal défaut, en dehors de l'impuissance de la machine, était que son hélice se trouvait placée beaucoup trop loin du ballon.

Dupuy de Lôme, en 1872, tomba dans les mêmes errements. Il obtint de son dirigeable 2ᵐ,80 de vitesse propre par seconde.

En 1881, les frères Tissandier appliquèrent

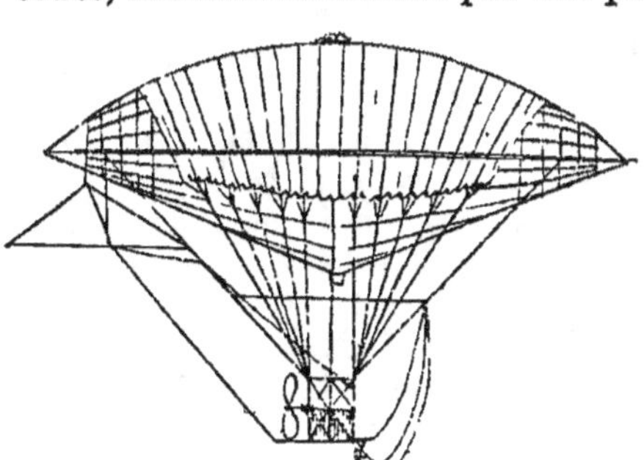

pour la première fois, à un ballon allongé de 1,000 mètres cubes, une hélice actionnée par une pile électrique.

Ils renouvelèrent leur expérience le 26 septembre 1884 avec un gouvernail perfectionné et obtinrent 4 mètres de vitesse propre par seconde, avec une hélice trop éloignée du ballon.

Les représentants les plus autorisés de l'école du *plus léger que l'air* ont eu deux grandes disputes.

Il s'agissait de savoir, la forme allongée une fois admise, si elle serait fusiforme, c'est-à-dire à pointes symétriques, ou bien si elle serait pisciforme, c'est-à-dire avec le gros bout à l'avant.

Fallait-il, d'autre part, mettre le propulseur à l'avant ou à l'arrière, comme sur les bateaux ?

Quant au propulseur, disons tout de suite qu'il ne faudra songer à l'appliquer à l'arrière que le jour où les dirigeables seront indéformables, métalliques.

Pour le moment, les ballons à enveloppe en soie étant flasques et sans aucune rigidité, il faut se contenter de le remorquer en plaçant l'hélice ou tout autre propulseur à l'avant.

Dans cette question, la forme du ballon a une importance telle que je n'hésite pas un seul instant à citer l'opinion de ceux qui ont créé de toutes pièces l'aéronef exploité à Meudon.

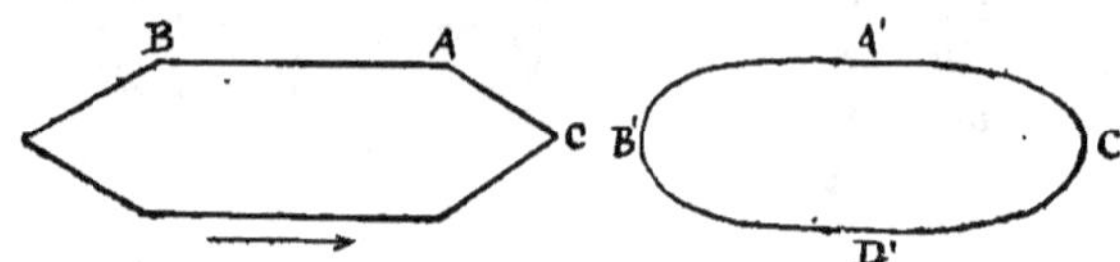

Ed. Marey-Monge dit :

« Soit BAC un cylindre cône se mouvant dans l'air ; la partie conique C étant en avant, les couches d'air traversées, après avoir été entr'ouvertes par le cône AC, se resserreront en A et exerceront de A en B une pression extérieure contraire au mouvement, par l'augmentation des frottements ; tandis qu'avec une forme ellipsoïdale B'A'C, cette pression servirait au mouvement même de l'appareil, car l'air entr'ouvert par la partie A'C'D' en se resserrant sur la partie A'B'D' procurerait une pression favorable au mouvement et analogue à celle que nous exerçons sur un noyau de cerise entre nos doigts : elle chasserait en avant le corps pressé. La forme cylindro-conique donne donc lieu à plus de frottements que la forme ellipsoïdale.

« Aussi, ajoute-t-il, la nature, ce grand maître en fait de mécanique, ne s'est-elle jamais servie de la première forme, et n'a-t-elle employé que la seconde pour les poissons, les oiseaux, etc, etc. »

Marey-Monge ajoute en note :

« Il est un dicton parmi les marins, c'est qu'un vaisseau, pour être un bon voilier, doit avoir la tête d'une morue et la queue d'un maquereau. »

Et plus loin :

« Ceux qui fréquentent les ports citent un fait d'une pratique journalière, bien concluant en faveur de la plus grande épaisseur de l'avant : c'est que les mariniers qui s'occupent du flottage des gros bois, des grandes poutres en sapin, préfèrent les tirer par le gros bout pour les faire voyager dans l'eau, et prétendent avoir ainsi bien moins de peine et de résistance qu'en les tirant par le petit bout. »

Il faut que le gros bout soit à l'avant pour d'autres raisons. Ecoutons plutôt le général Marey-Monge :

« Il y a encore une autre raison de cette plus grande largeur des poissons vers le quart ou le tiers de la longueur à partir de la tête : c'est que le poisson accomplit ses mouvements de rotation en pivotant, à l'aide de sa queue, sur un axe vertical, passant par son centre de gravité, situé dans une plus grande largeur. Or, si cette plus grande largeur se trouvait au milieu de la longueur par exemple, il arriverait :

« 1° Que le poisson pivoterait difficilement, en raison de l'égalité des deux bras de levier situés de chaque côté du centre de gravité ;

« 2° Dans le mouvement de progression que le poisson obtient par l'agitation en forme de S de la queue, l'avant décrirait les mêmes arcs de cercle que l'arrière, il y aurait perte de force, de temps et de vitesse ; tandis qu'en plaçant le centre de grávité plus près de la tête, la nature a doté le poisson d'une grande facilité de rotation et de progression. »

Si l'aéronef de MM. Renard et Krebs, expérimenté le 9 août 1884, avait son hélice placé au centre de résistance, ce serait la perfection, quant à la forme générale et à l'application de la force motrice.

Mais l'hélice est placée encore trop bas, ce qui fait qu'une fois en marche, le ballon lève le bec, augmentant ainsi considérablement sa surface de résistance.

Les officiers de Meudon corrigent ce défaut en glissant dans la nacelle des poids vers l'avant, dès que l'hélice commence à tourner.

Les dimensions principales du ballon *La France* étaient : 50^m,42 de longueur sur 8^m,40 de diamètre ; son volume 1,864 mètres cubes.

La vitesse propre du ballon fut de 5 à 6 mètres par seconde.

MM. Renard et Krebs revinrent au point de départ durant quatre ou cinq expériences et cela, il faut le dire, grâce à un immense hangar qui permet à ces messieurs de garder leur

ballon tout gonflé, prêt à profiter des rares *calme plat* qui
règnent dans l'atmosphère.

Même qu'un jour, M. Krebs n'ayant reprjs du service dans
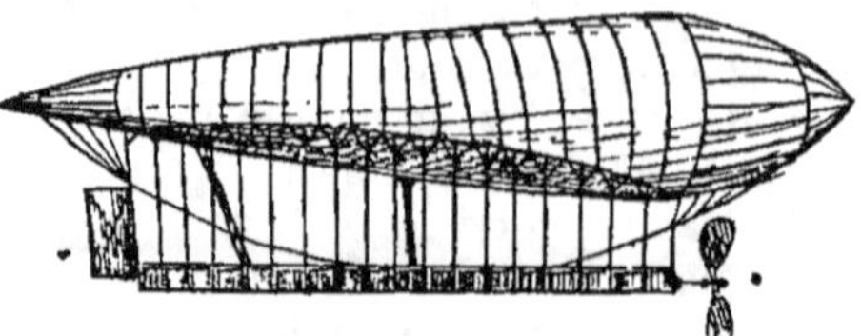
le corps des pom-
piers que le 25 août
1885, les deux frè-
res Renard mon-
tant la *France* fu-
rent doucement
poussés par une
brise légère jusque dans l'enclos de la ferme de Villacoublaye,
près du Petit-Bicêtre.

Depuis cette époque, M. Renard a construit un nouveau
dirigeable, *Le Général Meusnier*, ayant 80 mètres de long. Il
sera actionné par un moteur à pétrole.

Tout le matériel est construit depuis longtemps et, n'étaient
une série d'accidents arrivés à Meudon, je présume que
M. Renard ne craindrait pas de faire un petit tour sur Paris,
avec cette merveille qui donnera, dit-on, 11 mètres de vitesse
propre par seconde.

Qu'il se hâte, autrement il autoriserait ceux qui s'intéres-
rent à la navigation aérienne et à sa propre personne à dire
que le directeur de Chalais-Meudon ne croit pas lui-même que
les vents qui soufflent les trois quarts du temps sur notre pays
ont une vitesse inférieure à 5 ou 6 mètres par seconde.

Les résultats de Meudon sont magnifiques si on les com-
pare à ceux obtenus par d'autres expérimentateurs ; mais si
on pense à tout ce que ces mots magiques *la navigation
aérienne !* ont engendré d'espérances et de rêves, oh ! alors,
assurément ce que donne le commandant Renard n'est encore
qu'une désillusion.

Sceaux. — Imp. Charaire et Cⁱᵉ.   Le gérant : Henri GAUTIER.